DE

L'ARTÉRITE SYPHILITIQUE

ET SPÉCIALEMENT

DE SA FORME AIGUË

PAR

Paul BAROUX

DOCTEUR EN MÉDECINE DE LA FACULTÉ DE PARIS

Externe des hôpitaux.

PARIS

ALPHONSE DERENNE

52, Boulevard Saint-Michel, 52

1884

DE

L'ARTÉRITE SYPHILITIQUE

ET SPÉCIALEMENT

DE SA FORME AIGUË

PAR

Paul BAROUX

DOCTEUR EN MÉDECINE DE LA FACULTÉ DE PARIS

Externe des hôpitaux.

PARIS

ALPHONSE DERENNE

52, Boulevard Saint-Michel, 52

1884

A MON PÈRE

A MA MÈRE

Faible témoignage de ma profonde reconnaissance.

A MA SŒUR

A MES PARENTS

A MES AMIS

DE L'ARTÉRITE SYPHILITIQUE

ET SPÉCIALEMENT

DE SA FORME AIGUË

INTRODUCTION

On s'est beaucoup occupé depuis une quinzaine d'années des relations possibles entre la syphilis et l'artérite chronique (athérome, anévrysme) ; on y a vu dans beaucoup de cas une relation de cause à effet.

Mais, dans ces derniers temps, une observation de M. Leudet (de Rouen), présentée au Congrès de Blois (1), a attiré l'attention sur une modalité de l'artérite syphilitique, l'artérite à marche aiguë, ou plutôt subaiguë. Ainsi, à côté de l'artérite chronique syphilitique, il existe une artérite à évolution plus rapide. C'est cette dernière affection que nous allons essayer de décrire dans les pages qui suivent.

1. Association française pour l'avancement des sciences (section des sciences médicales, 1884).

Baroux.   2

Nous avons cru bon de réunir sur ce sujet, tous les renseignements épars dans diverses publications médicales.

Nous demandons l'indulgence de nos maîtres, pour le petit nombre d'observations, que nous avons pu recueillir. La rareté de cette affection, sa connaissance récente, justifieront la pauvreté de nos renseignements.

Nous prions M. le professeur Vulpian, de recevoir nos vifs remerciements pour avoir bien voulu accepter la présidence de notre thèse.

Division du sujet :

1° Historique.

2° Anatomie pathologique.

3° Etiologie.

4° Symptomatologie.

5° Diagnostic et traitement.

6° Observations.

7° Conclusions.

HISTORIQUE.

On a signalé depuis longtemps déjà la coïncidence entre la syphilis et l'artérite chronique.

Les auteurs des derniers siècles nous ont laissé à ce sujet plusieurs observations, mais fort incomplètes, tant au point de vue symptomatique que nécroscopique.

Lancisi (1), Marc-Aurèle, Séverin (2) relatent différents cas d'anévrysmes, siégeant sur diverses artères, ces affections étant survenues dans le cours d'une syphilis.

Plaucus, cité par Morgagni (3), a observé des productions comme pustuleuses à la surface interne de certaines artères chez plusieurs syphilitiques.

Dans la même lettre, Morgagni lui-même attribue à cette affection la formation de certains anévrysmes.

Astruc, le premier (4), s'occupant des affections nerveuses syphilitiques, attribue ces dernières à des tumeurs du crâne ou des méninges, et dans quelques cas à des altérations vasculaires. Ainsi il dit : « Hœmostasia, seu sanguinis stagnatione et hærentia sive fiat sola sanguinis

1. Laucisi. *De aneurismatibus, opus posthumum*, p. 52, *in scriptorum latinorum de aneurismatibus collectione.*

2. M. A. Séverin. *De abcessium recondita natura*, p. 206. *Lugduni Batavorum*, 1724.

3. Plaucus. *Epistola de monstris citata, in Morgagni epist. anat. medica* XXVII, art. 30.

4. Astruc. *De morbo vener*, livre IV, chap. 3, § ix.

fluxum retardantibus, etc.... » Cet auteur est donc le premier qui attribue la syphilis nerveuse à des altérations de la paroi artérielle.

Dittrich (1) (1849), Gildemeester (1854) et Yoyack (1854) (2), Esmarck (1857), Wirchow (3) (1859), Meyer (4) (1862), citent des cas de syphilis cérébrale, où ils ont trouvé, à l'examen nécroscopique, une altération des artères encéphaliques soit catrotides, soit cérébrales. Celles-ci étaient transformées en cordons fibreux, contenant à leur intérieur des coagulums sanguins.

De même Steenberg (1860), S. Wilks (5) (1863), Bristowe (6) (1864) ont relaté des cas analogues. Wilks, dans son mémoire, consacre un chapitre spécial aux lésions artérielles syphilitiques, dans la syphilis cérébrale.

Weber (1863) observa un cas où il trouva une gomme du volume d'un haricot, développée dans l'épaisseur de l'artère pulmonaire, et faisant saillie à l'intérieur du vaisseau.

En 1861, M. Lancereaux (7) réunit dans dans un travail spécial fait en collaboration avec M. Gros toutes nos connaissances à ce sujet. Il démontra d'une façon évidente,

1. Dittrich, 1859. Prager Viertel.

2. Gildemeester et Hoyack. *Journal médical hebdomad. des Pays-Bas.* 21 janvier 1854.

3. Wirchow. *Syphilis constitutionnelle.* trad. franç. 1859.

4. Meyer, Schmidt's Iahrbücher, tome GXIV. p. 312. 1862.

5. S. Wilks. *On the syphilis affect. of the internal organes, in Guy's hospital reports* 1863.

6. Bristowe. *Transactions of. the Patolog. society of London* vol. XVI. 1864.

7. Lancereaux et Gros. *Des affections nerveuses syphilitiques.*

l'existence de l'artérite syphilitique, et indiqua ses princi-
paux caractères, surtout au point de vue clinique. Il
montra de plus que le siège principal de cette affection
était les artères de la tête.

De 1864 à 1874, à la suite des travaux de Wilks, de
M. Lancereaux, cette affection est plus étudiée, et les
observations en deviennent plus nombreuses. Citons Muller
(1868), qui rapporte cinq cas de ramollissement cérébral
avec artérite syphilitique, Beer (1868), Georges Johnston
(1870) (1) et J. Hughlings Jackson (2).

Ce dernier reproduisit plusieurs mémoires sur la syphilis
cérébrale et la coexistence de l'artérite des artères cérébrales.

En 1873 (3), nouveau mémoire de M. Lancereaux, où
il insiste sur le caractère circonscrit de l'artérite.

En 1874, mémoire du docteur Ernest Brankel (4), où
il réunit vingt cas d'avortement chez des syphilitiques, où
les artères du placenta présentaient les lésions de l'artérite.
— Buzzard (5) étudie l'artérite.

En 1874, la question de la relation entre la syphilis
cérébrale et l'artérite des artères cérébrales est reprise en
Allemagne par Heubuer (6), qui fit paraître un mémoire à

1. Johnson. *Diseases of Ridneys.*

2. Jackson. London *hospital reports.* 5ᵒ volume 1868. — *Britisch medical Journal* 1873. *Journal of mental sciences,* July : *two
cases of intra-cranial syphilis.* 1875. 5ᵉ vol. article. « *Nervous
symptoms in cases of congenital syphilis.* »

3. Lancereaux. — *Arch. méd.,* tome II, 1873.

4. Brankel. — Arch. für gynœkol. 1874.

5. Buzzard. — *Clinical aspects of syphilitic nervous affections.*
Londres 1874.

6. Heubuer. —Arch. d. Heilk. 1870. *Luetische Erkraukung der
Hirnarterien,* 1874, Leipzig.

ce sujet. Cet auteur, sur 164 autopsies de cerveaux syphilitiques, trouva 68 cas de gommes, sans mention de l'état des artères ; 44 cas, où celles-ci présentaient, en plus des gommes, les lésions de l'artérite ; 36 cas de méningite, parmi lesquels, deux fois, l'artérite existait ; enfin, 16 cas d'artérites isolées, sans altérations de la substance nerveuse.

M. Leudet (1) étudie les relations entre l'artérite et la syphilis cérébrale.

En 1875, Wilks (2), dans son traité d'anatomie pathologique, consacre un chapitre spécial à l'artérite syphilitique. De même M. Lancereaux, dans son traité sur la syphilis. Les autres syphiliographes, au contraire, s'occupent peu de cette question : ainsi, Rollet, Langlebert, Ricord, Richet, Gougenheim.

En juin 1875, M. Charcot (3) met à l'étude cette question dans son cours. Ses idées ont été reproduites dans la thèse de Rabot (4).

W. S. Greenfield (5) observa, en 2 ans, 22 cas de syphilis viscérale suivie de mort, sur lesquels, dans 3 cas, il rencontra des lésions cérébrales avec artérite.

Baumgarten (1878) (6) étudie l'artérite au point de vue histologique et montre qu'elle est le type de l'artérite oblitérante.

1. Leudet. — *Clinique de l'Hôtel-Dieu de Rouen*, 1874.

2. Wilks. *Lectures on pathological anatomy*, p. 47, 2ᵉ édition.

3. Cours de la Faculté, 9 juin 1875.

4. Rabot. — *Contribution à l'étude des lésions syphilitiques des artères cérébrales*. Thèse Paris, 1875.

5. Greenfield. — *London patholog. transact.* vol. XXVIII, p. 249, 1877.

6. Baumgarten (Virchow's archiv. vol. 73 et 86, 1878).

Brault (1878) relate un cas où il trouve sur la carotide interne, les lésions de l'artérite syphilitique, avec bourgeon proéminents à l'intérieur de la cavité de l'artère.

Zeissl (1879), Langenbeck (1881), Chiari (1881) (1) relatent des cas où il existait une gomme, qui pressait et oblitérait l'artère.

M. le professeur Cornil (2) étudie l'artérite syphilitique cérébrale, au point de vue anatomique.

Enfin, M. le professeur Fournier, dans son Traité de la syphilis cérébrale, traite longuement de cette affection et de ses rapports avec l'artérite chronique.

Homolle, dans l'article syphilis du *Dictionnaire de médecine et de chirurgie pratiques* (1882) expose l'état de nos connaissances au sujet de l'artérite syphilitique chronique.

L'artérite chronique engendre facilement l'anévrysme. Aussi a-t-on étudié les relations entre la syphilis et l'ectasie artérielle.

Citons les deux cas de Lancisi, un cas de Wilks, de Blachéz (3), de Lancereaux (4), de Russel (5), de Barberet et de Chouet (6), de Chauvet (7), de Vallin (8).

1. Chiari (Wien. med. Woch, n° 17, 1881. — « *Hochgradige endarteritis luetica an den hirnarterien eines 15 monatlichen madchens bei sicher Konstatirter luës hereditaria.* »
2. *Leçons sur la syphilis*, 1879.
3. Blachez. *Soc. anat.* 1862.
4. Lancereaux. *Mémoire à la Soc. de chirurgie*, 30 sept. 1862.
5. Russel. *The britisch médical, Journal*, juillet 1870.
6. *Recueil de médecine militaire*, sept. 1879.
7. In thèse Chauvet. *Influence de la syphilis sur les maladies du système nerveux central.* Thèse d'agrégation, Paris, 1878.
8. Vallin. *Société médic. des hôpitaux*, 28 février 1879.

Le Dr Davidson (1), sur 114 autopsies, a trouvé 22 fois l'athérome, et sur ces 22 cas, il a observé 17 fois l'existence de la syphilis.

Enfin Dupret (2), dans sa thèse, refait un bon exposé de l'état actuel de la science, sur la genèse des anévrysmes, au point de vue des relations de ces derniers avec la syphilis.

On voit donc, d'après cet historique, que, jusqu'à ce jour, on s'est occupé, les uns de l'artérite syphilitique chronique, et principalement de ses rapports avec la syphilis cérébrale, les autres des relations entre la syphilis et les anévrysmes.

Dans ces derniers temps, une observation de M. Leudet (de Rouen) a montré que l'artérite syphilitique ne présentait pas toujours les allures d'une affection chronique, et qu'elle pouvait évoluer, suivant le mode aigu.

Plusieurs cas sont épars dans la science ; nous avons cru bon de les réunir.

A ces faits, nous pouvons ajouter un cas où il nous a été donné de suivre l'évolution de cette dernière modalité de l'artérite syphilitique.

1. Davidson. *On atheromatous degeneration, of the aortæ, and its association with syphilis. Army med. department. report.* tome VI, p. 481, 1879.

2. Dupret. — Thèse de Paris 1880. « *Contribution à l'étude des lésions artérielles dans la syphilis et des anévrysmes en particulier.* »

ANATOMIE PATHOLOGIQUE

Les lésions, qui caractérisent l'artérite syphilitique, peuvent se rapporter à deux formes différentes : une forme aiguë et une forme chronique.

1° *Forme aiguë*. — L'inflammation aiguë de l'artère occupe les trois tuniques, externe, moyenne et interne. Quand elle prédomine dans les deux premières, elle est dite périartérite. Si, au contraire, la lésion est plus marquée dans la troisième, elle est dite endartérite.

Ces deux variétés de l'artérite coexistent toujours ensemble ; il est exceptionnel d'observer une endartérite syphilitique isolée. La périartérite serait observée plus fréquemment seule. En effet l'artérite syphilitique débute par la périartérite, puis ce n'est que secondairement que la tunique interne se prend.

Telle est l'opinion généralement admise sur le début de l'artérite syphilitique. Cependant Heubner, dans le travail déjà cité, exprime à ce sujet une opinion différente. Pour cet auteur, le début se ferait par l'endartérite, puis l'inflammation gagnerait secondairement la tunique moyenne et externe. Pour Heubner, au début il y aurait production de nouvelles cellules endothéliales à la surface interne de l'artère, se déposant en couches superposées, les unes aplaties, les autres fusiformes ou rondes. Cette prolifération cellulaire bouche les trous de la membrane fenêtrée, remplit les dépressions et les enfoncements de cette membrane, de sorte que dans les artérioles, la membrane fenêtrée étant normalement en contact immédiat avec l'endothélium, en serait séparée dans ce cas, par une couche de cellules de nouvelle formation. Cette endartérite deviendrait bientôt bourgeonnante. Pour Heubner, elle est due à l'action locale du sang virulent.

La majorité des auteurs admet actuellement que cette endartérite est secondaire à la périartérite.

Examinons une coupe mince passant par un foyer d'artérite : après l'avoir traitée par les réactifs ordinaires, on voit que les trois tuniques artérielles ont perdu leur structure propre et leurs caractères différentiels; elles ne sont plus composées uniformément que par des cellules embryonnaires qui ont infiltré la paroi.

Ces cellules sont en très grand nombre, tassées les unes contre les autres. Entre elles sont remarqués des débris de fibres musculaires et de fibrilles élastiques, disposés suivant des lames; les cellules en infiltrant la paroi n'ont fait que dilacérer les lamelles élastiques et musculaires. Seule la lamelle élastique interne persiste.

Ces cellules embryonnaires infiltrent de même tôt ou tard la tunique interne, soulèvent l'endothélium qui disparaît dans le magma inflammatoire, de sorte que la tunique interne présente des bourgeons, des végétations, qui, par leur développement obturent l'artère. Ces bourgeons sont formés de cellules embryonnaires, et analogues aux bourgeons qui se forment à la suite de la ligature d'une artère.

Cette infiltration de cellules embryonnaires provoque un épaississement de la paroi. L'artère fait par suite plus saillie à l'extérieur et sa consistance est augmentée : l'artère est indurée.

La saillie que fait l'induration est variable suivant les cas ; tantôt elle est circonscrite, d'aspect piriforme, du volume d'un petit pois, comme dans l'observation de Brault ; tantôt au contraire diffuse sur une certaine étendue de l'artère, ne formant qu'une sorte de blindage de l'artère. Dans ce cas, la plaque d'induration se termine par une ligne de démarcation nette, continue presque brusquement avec le reste de la paroi saine. Ce dernier aspect est signalé dans notre observation.

L'artère, ainsi augmentée de volume, est devenue plus friable. Si on vient à sectionner la paroi, on voit que la lumière de l'artère est diminuée, par suite de l'endartérite. On peut la trouver obstruée, soit par les bourgeons, soit par un thrombus.

Telle est l'artérite syphilitique à évolution aiguë, ou plutôt subaiguë.

Son caractère principal histologique, est la production rapide d'une grande quantité de cellules embryonnaires, qui épaississent la paroi de l'artère en peu de temps, et même en obstruent la lumière. Cette artérite aiguë se résout par l'influence du traitement spécifique, ou au contraire, passe à l'état chronique.

2° *De l'artérite syphilitique chronique.* — Celle-ci est d'emblée chronique, ou succède à l'artérite aiguë.

Dans le dernier cas, les cellules embryonnaires produites rapidement en grand nombre, s'organisent, se transforment en un tissu, soit scléreux, soit gommeux.

Quand l'artérite est d'emblée chronique, l'inflammation

étant moins vive, l'infiltration de la paroi par les cellules embryonnaires est moins intense et moins rapide.

Même début, même évolution que l'artérite aiguë, mais ici le nombre des cellules embryonnaires est moins grand, ce qui fait que celles-ci sont moins tassées ; on remarque entre les lits formés par ces cellules, des lamelles élastiques et musculaires plus nettes que dans l'artérite aiguë. Ces lamelles sont dues à la disjonction en lamelles, des lames normales de la paroi. Heubner, dans son travail déjà cité, pensait que l'artère enflammée donnait naissance à une tumeur de la paroi reproduisant la structure de l'artère : ce serait un artériôme. Entre les cellules embryonnaires, il se formerait, d'après cet auteur, une nouvelle membrane fénêtrée et de nouvelles fibres musculaires. M. le professeur Cornil réfute cette théorie dans son *Traité de la syphilis*.

L'artérite chronique présente ensuite une évolution variable ; en effet, ou les cellules s'organisent, se transforment en un tissu scléreux : c'est l'artérite scléreuse ; ou elles subissent la dégénérescence habituelle aux gommes : c'est l'artérite gommeuse. Cette dernière forme est de beaucoup la plus rare.

1° *Artérite chronique scléreuse.* — L'organisation des cellules embryonnaires, transforme la paroi souple et élastique, en une lamelle rigide, fibroïde. La paroi est augmentée d'épaisseur, de consistance ; l'artère est devenue rigide, rénitente, indurée.

Comme dans l'artérite aiguë, cet épaisissement de la paroi existe sur un segment de la circonférence de l'artère, ou (et c'est le cas le plus commun), sur sa circonférence entière.

Ces plaques sont lisses, et se terminent brusquement en se continuant avec la paroi saine.

Outre la forme en plaque, l'épaisissement peut se présenter sous la forme de grains faisant saillie à la fois sur la surface externe et sur la surface interne, comme des grains de riz.

Si la lésion est plus marquée, on constate que l'artère a diminué de volume, de calibre, dans des proportions diverses ; ou peut la voir oblitérée.

Cette diminution du calibre de l'artère est due au retrait du tissu fibreux. Ce rétrécissement occasionne un ralentissement du cours du sang et la formation d'une thrombose. Cette dernière, s'il s'agit des artères cérébrales, est la cause de troubles cérébraux.

2° *Artérite chronique syphilitique gommeuse.* — Ici les cellules embryonnaires ont subi la dégénérescence spéciale des gommes. L'artérite se présente sous les mêmes aspects que dans la forme précédente (plaques ou grains), mais ici l'épaississement est jaunâtre, moins induré.

Cette artérite gommeuse est rare, et jusqu'ici a été peu observée. Elle ne paraît être que le premier degré de la gomme ordinaire, ainsi que nous le verrons plus loin. Le Dʳ Celso Pellizari (1) relate un cas où il a observé cette artérite gommeuse.

Anévrysmes.

L'artérite chronique altère la paroi de l'artère, forme un

---

1. Pellizari. *Della sifilide cerebrale e in particolare delle lesioni arteriose da sifilide nel cervello.*

rétrécissement rigide. D'où il suit, en deça de ce rétrécissement une augmentation de pression du sang. La paroi
artérielle cède en ce point, c'est-à-dire à l'entrée du
rétrécissement, en amont de ce point, d'où anévrysme. Ce
fait est bien évident, dans l'observation de Brault, seulement ici le rétrécissement était tel, que la dilatation a été
jusqu'à la rupture. Cette influence de la syphilis sur la
gerèse des anévrysmes a été rejetée par Broca, adoptée par
M. Lefort et M. Richet, dans leurs articles respectifs des
dictionnaires. Telles sont les lésions de l'artérite syphilitique
tant aiguë que chronique.

Rapports entre l'artérite et la gomme.

Il nous faut maintenant étudier les rapports entre l'artérite et la gomme. Cette question étudiée dans ces derniers temps par plusieurs auteurs, jette un jour nouveau
sur la genèse de certaines productions syphilitiques.

Jusque dans ces dernières années, on avait remarqué
que les gommes, surtout les cérébrales, présentaient des
rapports très intimes avec la distribution des artères cérébrales. On a remarqué de ces petites granulations le long des
vaisseaux, comme des tubercules, et jusqu'autour des plus
petites divisions vasculaires. Ainsi une gomme des méninges peut envahir le cerveau par des prolongements que l'on
peut suivre dans les circonvolutions. Dans ces cas l'enva-
hissement a lieu par les vaisseaux qui ont servi de conduc-
teurs. Le cas du D'' Gowers (1), en est un bel exemple.

Certains auteurs admettent que la gomme se développe

1. *The Lancet*, 1877, p. 92.

dans le tissu cellulaire, en dehors du vaisseau. M. Lancereaux admet que le point de départ est dans la gaine lymphatique périvasculaire.

D'après cette opinion, la gomme est une production extra-vasculaire. Durant le cours de son développement, la gomme presserait l'artère et en provoquerait l'occlusion, ou bien l'inflammation se propagerait à la paroi de l'artère. Dans ce dernier cas, l'artère présenterait les lésions de l'artérite chronique, analogues à celles que nous avons étudiées plus haut. L'inflammation de l'artère dépasse les limites du syphilome et s'étend au loin, le long des parois artérielles.

Dans ce cas l'artérite chronique serait secondement due à la propagation de l'inflammation de la gomme, et le professeur Cornil, dans son *Traité de la syphilis*, dit que l'artérite chronique succède ici à la gomme, comme dans un phlegmon chronique, comme après une ligature incomplètement serrée autour d'une artériole.

Mais, dans ces dernières années, les études de Hutinel [1], Brissaud [2], Malassez [3], Balzer [4], sur l'histologie de la gomme de n'importe quel organe, ont montré que l'artérite chronique existe au début de toute gomme, et qu'elle n'est point secondaire à cette gomme.

Le 1er stade d'une gomme est une artérite chronique au début, avec ce caractère spécial qu'ici il s'agit surtout de

1. Hutinel. — *Revue médecine*, 1876.
2. Brissaud. — *Prog. médical*, 1881.
3. Malassez. — *Arch. physiol.*, 1881.
4. Balzer. — *Revue médecine*, août 1883.

périartérite, la tunique interne ne s'enflammant que dans la suite. Cette périartérite forme un nodule périvasculaire (gomme microscopique de Hutinel — formation folliculaire de Brissaud), sous la forme d'un manchon allongé, composé de cellules embryonnaires.

Puis l'infiltration des cellules embryonnaires gagne le tissu cellulaire périvasculaire ; le nodule se réunit à d'autres nodules des vaisseaux voisins et de leur réunion naît la gomme.

De ce que la tunique interne reste longtemps saine, il suit que le vaisseau reste perméable durant un temps relativement long. Ce n'est que plus tard que l'endartérite survient avec ses conséquences. De plus à une certaine distance de la gomme en dehors d'elle, on constate l'existence de la périartérite.

L'artérite chronique est la cause de la gomme. Celle-ci n'est que la propagation de la périartérite au tissu cellulaire voisin ; la gomme naît par zones concentriques autour de l'artère. De même dans le chancre infectant, ainsi que l'a montré M. le professeur Cornil, dans son *Traité de la syphilis*, il existe des lésions vasculaires analogues. La périartérite est, dans ces cas, de beaucoup prédominante à l'endartérite.

Cet épaisissement des tuniques, qui devient deux à trois fois plus considérable que normalement, entouré d'une zone infiltrée de cellules embryonnaires, est la cause de l'induration.

L'induration paraît ici suivre les réseaux artériels : « L'induration, dit M. Cornil, est tantôt superficielle, tantôt profonde en même temps que superficielle, et cela est en rapport avec la disposition des vaisseaux. »

Cette périartérite se poursuit, comme dans la gomme, en dehors de l'induration. Si le noyau d'induration est considérable comme étendue et comme densité, l'inflammation peut gagner la tunique moyenne et interne. De là à l'oblitération de l'artère il n'y a qu'un pas.

L'artère étant oblitérée, il survient une dégénérescence des cellules rondes du chancre, comme dans la gomme. Cette artérite syphilitique (primitivement périartérite) paraît être la cause de l'induration du chancre et de la gomme. Elle se rencontre seulement dans ces syphilides. Nous avons cru bon d'étudier les rapports entre l'artérite syphilitique et le chancre infectant et la gomme, car cette artérite paraît être la cause de ces productions.

Si nous essayons de résumer les notions que nous avons acquises sur l'anatomie pathologique de l'artérite syphilitique, nous voyons que cette artérite peut avoir une évolution aiguë, due à l'abondance des cellules embryonnaires infiltrées dans la paroi. L'infiltration se faisant en un espace de temps relativement court.

L'abondance des cellules est telle que l'obstruction de l'artère survient bientôt. Ou bien, au contraire, elle présente un processus chronique, lent, froid, à la manière d'une néoplasie tertiaire, qui aboutit à la sclérose de l'artère, et à sa rétraction.

Cette artérite, qu'elle soit aiguë ou chronique se voit sur une étendue variable.

Dans d'autres cas, elle est localisée à de petits ramuscules artériels, sous la forme de périartérite. Cette inflammation s'étend au tissu cellulaire voisin, et donne naissance à la gomme et à l'induration du chancre infectant.

L'artérite syphilitique paraît donc jouer un rôle important dans l'étude des lésions syphilitiques.

Considérée isolément, au point de vue anatomo-pathologique, l'artérite syphilitique n'a pas de caractères spéciaux, qui puissent la distinguer des autres artérites.

« On ne saurait trouver, disent MM. Cornil et Ranvier, de différence anatomique avec les lésions que cause une inflammation simple. »

Cependant d'après Baumgarten et Friedlander, elle serait souvent oblitérante. De plus, ainsi que l'ont indiqué Lancereaux et Heubner, la dégénérescence graisseuse, si fréquente dans l'athérome et l'artérite sénile, ne se montre pas dans l'artérite syphilitique chronique. Celle-ci est surtout scléreuse. Tels sont les seuls caractères spéciaux anatomiques de cette variété d'artérite.

Aspect de l'artère.

Dans l'artérite aiguë, l'artère est épaissie, indurée, mais ici l'induration est de beaucoup inférieure à l'induration de l'artérite chronique. — Dans cette variété l'artère est transformée en une corde rigide, noueuse, contenant un caillot dans son intérieur.

Dans l'observation de Charcot et Pitres (in thèse de Rabot) : « Le tronc de la basilaire était fortement épaissi, grâce surtout aux lésions de la tunique externe.

Le tronc de la sylvienne gauche présentait à son origine une nodosité du volume d'un haricot, blanchâtre, de forme

irrégulière et paraissant siéger dans la tunique externe
du vaisseau.

Un grand nombre d'artérioles du cerveau étaient envahies par des nodosités analogues à la précédente, généralement fusiformes, au niveau desquelles le vaisseau était considérablement rétréci, quelquefois même oblitéré totalement. »

L'aspect de l'artère varie — Dans l'artérite aiguë elle est le plus souvent indurée d'une manière égale, sur tout le trajet de l'induration.

Dans l'artérite chronique, l'inflammation s'est surtout localisée en plusieurs endroits et a donné naissance à des nouures.

Siége de l'artérite.

L'artérite syphilitique, tant aiguë que chronique, peut occuper toutes les artères du corps, mais presque toujours, contrairement aux autres variétés d'artérite, elle est localisée, circonscrite à un département vasculaire, les autres artères du corps étant généralement saines.

Cet état circonscrit des lésions artérielles est un caractère des productions syphilitiques.

L'artérite syphilitique siège sur une seule artère, suivant une étendue plus ou moins grande du vaisseau, ou sur deux ou trois artères. Le plus souvent, la lésion siège sur deux artères symétriques. L'artérite débute par une d'elles, puis dans le cours de son évolution, l'autre artère se prend, de sorte que la lésion est presque toujours prédominante dans l'une d'elles.

Les caractères de l'artérite tant aiguë que chronique sont :

1° La *localisation à une artère*, et, bien plus, à une partie de cette artère.

2° L'état normal des autres artères du corps.

3° La symétrie des lésions artérielles.

A ces caractères nous pouvons ajouter que le siège classique de l'artérite syphilitique en général est les artères de la tête (carotides, vertébrales, cérébrales, l'hexagone de Willis, siège ordinaire de l'artérite).

Cependant, mais plus rarement, les autres artères du corps peuvent être prises. Ainsi on a signalé de l'aortite syphilitique (Virchow, Beer 1868, Hedenius 1867, Huber 1880), de l'artérite de l'artère pulmonaire, des artères de la rate (Beer).

M. le professeur Verneuil a signalé une artérite par propagation dans un foyer d'ulcération phagédénique. Le résultat, dans ce cas, a été le rétrécissement de l'artère fémorale.

Mais, dans l'immense majorité des cas, l'artérite occupe les artères de la tête.

Nous n'envisageons naturellement que l'artérite seule, isolée de toute production gommeuse.

On comprend facilement que le siège de l'artérite, dans ce dernier cas, variera beaucoup, suivant le siège de la gomme, à laquelle elle appartient.

ETIOLOGIE

Pour qu'il y ait artérite syphilitique, il faut qu'il y ait syphilis.

L'inflammation des artères vient à une époque variable de l'évolution de la syphilis.

Qu'il s'agisse de la forme aiguë, ou de la forme chronique, l'artérite peut survenir à toutes les périodes de l'évolution de la maladie.

Rarement durant la période du chancre ; quelquefois durant la période secondaire ; le plus fréquemment durant la période tertiaire.

Durant la période d'invasion, citons l'observation de Knorre (de Hambourg) 1849, d'une paralysie de la face et du bras droit, survenue chez un homme de 24 ans.

A la période secondaire, Gjor (de Christiania), cite 13 cas de syphilis artérielle survenue dans l'année après l'apparition du chancre.

De même Brault (*Soc. anatomique* 1878), signale 1 cas, où l'artérite eut lieu 6 mois après l'apparition de la syphilis.

Notre observation (II) montre que l'artérite est survenue dans le cours du 14ᵉ mois après le début de l'affection.

Mauriac fait un relevé des artérites, qu'il a pu observer, et obtient le tableau suivant :

1   cas au   9e mois,.
1   —   2e année.
15   —   Après la 3e année.
6   —   Dans des syphilis anciennes.

Le relevé précédent ne contient que des cas d'artérite chronique. On voit qu'elle est surtout fréquente durant la période tertiaire.

Nos observations montrent que l'artérite aiguë est survenue :

Obs. I. IV. V. IX. . . . .   3e année.
Obs. II . . . .   2e année.
Obs. III . . . .   1e année.

Dans les statistiques, que l'on dressera dans la suite, pour établir le degré de fréquence des artérites syphilitiques, il y aura lieu d'étudier.

1° Les cas d'artérite aiguë ;
2° Les cas d'artérite chronique (sans gomme).
3° Les cas   —   (avec gomme).

De plus, pour chacun de ces cas, il faudra étudier le degré de fréquence suivant chaque appareil. Quant à savoir quel est le degré de fréquence de l'artérite en général, aucun relevé n'a été fait jusqu'à ce jour. Seulement, d'après Althaus, sur 100 cas de syphilis, on n'observerait que 5 cas de syphilis cérébrale. Or, l'artérite (sans gomme), on le sait, entre, au moins pour la moitié, dans les causes de la syphilis cérébrale.

Causes prédisposantes. — L'artérite syphilitique entre en dehors des gommes, pour la moitié dans l'étiologie de la syphilis cérébrale. Les causes qui localisent l'artérite dans les artères cérébrales sont peu connues. On cite la fatigue et le surmenage intellectuel, les préoccupations morales, les chagrins, l'alcoolisme, les excès vénériens, l'hérédité nerveuse.

Quel est maintenant le rapport entre l'intensité de la syphilis et la marche de l'artérite? Ce sont surtout les syphilis bénignes, qui donnent le plus fort contingent de la syphilis cérébrale, et par suite de l'artérite chronique. Quant à l'artérite aiguë, nos connaissances sont nulles à ce sujet. L'artérite syphilitique sévit surtout sur les jeunes sujets, de 20 à 40 ans, et plutôt chez l'homme que chez la femme. Ainsi, sur 92 cas de syphilis cérébrale, Heubner observa 64 hommes et 28 femmes.

SYMPTOMATOLOGIE

L'artérite syphilitique consiste en une altération de la paroi, qui aboutit à l'obturation de l'artère, soit par la grande quantité de cellules embryonnaires qui infiltrent la paroi, comme dans l'artérite aiguë, soit par la formation d'une thrombose, par ralentissement de la circulation, comme dans l'artérite chronique ; ce ralentissement étant dû au rétrécissement du calibre par la rétractilité de la paroi scléreuse.

Dans chacune de ces variétés, il y a donc lieu d'étudier d'une part les signes que présente l'artère, quand la paroi seule est atteinte, et le vaisseau encore perméable, d'autre part ceux qui indiquent une obturation de l'artère. Nous allons étudier ces signes, et dans l'artérite aiguë, et dans l'artérite chronique.

Artérite aiguë. — En premier lieu il s'agit d'une artère d'un membre, ou d'une région du corps, où l'artère est facilement perçue par la palpation.

Le début de l'artérite se fait en général, d'une façon, non pas aiguë, mais subaiguë. L'artère jusqu'alors saine, présente bientôt un léger épaississement, qui se fait sur un point limité de son trajet, et dans une étendue variable. Sa consistance augmente peu à peu, en quelques jours, quelques semaines : elle s'indure, roule sous le doigt sous la forme d'une corde. Cette induration de l'artère est en général limitée, se termine brusquement par une ligne de démarcation nette, et se continue avec le reste de l'artère restée saine. Elle est uniforme et il n'existe pas de point plus dur, plus saillant dans un point que dans l'autre. A cet endroit, vu l'induration, et la diminution de l'élasticité de l'artère, on constate une diminution des battements du pouls. L'induration de l'artère se fait en général d'emblée dans toute l'étendue qu'elle présentera ultérieurement. Ayant atteint son maximum d'étendue, son évolution ultérieure consistera en l'augmentation de l'induration. L'artère augmentera d'épaisseur et de dureté ; ses parois ne pourront plus être accolées l'une contre l'autre par la pression. En même temps que cette induration limitée et cette diminution des battements, on constate que l'artère est douloureuse, soit spontanément, soit surtout à la pression. Cette douleur est localisée au point malade, elle est d'intensité variable, mais en général assez vive. Cette douleur paraît être due à l'irritation des nerfs situés dans la tunique externe de l'artère. Point de changement de couleur à la peau. L'artérite consiste seulement en cette inflammation locale. Telle est la première période ou d'état.

Si l'inflammation continue, l'infiltration des parois artérielles par les cellules embryonnaires augmente, et le résultat est l'obstruction du calibre de l'artère. C'est la période terminale de l'évolution de l'artérite, elle est devenue oblitérante.

Le seul signe qui indique cette oblitération est la cessation des battements de l'artère, qui succède à la diminution.

En effet, l'augmentation nouvelle seule de l'induration ne peut entrer en ligne de compte pour admettre l'oblitération. Si l'artère appartient à un membre ou à une région superficielle, ainsi les artères de la face et du crâne, vu les anastomoses entre les artères, l'oblitération n'aboutit pas à des conséquences fâcheuses. L'irrigation sanguine se fait au moyen des artères voisines, qui suppléent à la branche oblitérée.

Cependant si l'artère atteinte est de gros calibre, telle que la fémorale, on pourra voir survenir d'abord les signes de l'artérite pariétale en général, signes qu'a bien étudiés M. le professeur Vulpian (1), dans un travail sur les artérites survenant dans le cours ou la convalescence de la fièvre typhoïde, c'est-à-dire l'œdème sans cyanose, ni dilatation des veines, quand le malade est au lit. Le malade, au contraire, prenant la station verticale, la cyanose se joint à l'œdème, ainsi que la dilatation des veines. En effet, par suite du rétrécissement de l'artère, la pression communiquée au sang contenu dans les veines n'est pas assez forte pour contrebalancer l'effet de la pesanteur. L'obstruction complète d'une artère d'un gros calibre, pourra engendrer la gangrène sèche du membre.

Ainsi, dans l'évolution d'une artérite aiguë, occupant une artère, facile à palper, on peut distinguer deux [pha-ses :

1° Dite d'induration, d'état.

2° Dite d'oblitération, celle-ci se manifestant par des effets variables suivant le calibre de l'artère.

L'artérite aiguë peut encore siéger sur les artères de la rétine (Galezowski) (1) et donner naissance à une rétinite.

1. *Revue de médecine*, 1883.
1. Assoc. franç. pour l'avancement des sciences. 1877.

En deuxième lieu, l'artérite siège sur une artère d'un viscère.

Durant la première période d'induration, sans oblitération de l'artère, les signes physiques sont naturellement absents ici, vu la profondeur de l'artère.

Le trouble apporté dans la circulation de l'organe par suite du rétrécissement de son calibre, ne se manifestera que par des troubles vagues de douleurs, de céphalalgie, s'il s'agit d'une artère encéphalique. Dans ce dernier cas, la céphalalgie présentera tous les caractères de la céphalalgie syphilitique (intense, surtout frontale, continue, tenace, avec exacerbation nocturne au point de procurer l'insomnie 1, etc.). Dans ces cas aigus, la céphalalgie sera d'une vivacité extrême. A cette douleur, se joignent des signes de l'anémie de l'organe. S'il s'agit d'une artère cérébrale, il surviendra des étourdissements, des vertiges, des éblouissements, des bluettes, des bruits dans les oreilles, de l'hésitation dans la parole, des troubles dans l'équilibre, de l'obnubilation intellectuelle, des syncopes fugaces et mobiles. En un mot, il existera un malaise cérébral continu, un état vertigineux sans discontinuer.

Joignez à cela des troubles dans la sensibilité périphérique (douleurs vagues, fourmillements, engourdissement dans les membres), un sentiment de faiblesse musculaire, accompagné de défaillances musculaires passagères.

L'intelligence est affaiblie, le travail exige plus d'efforts et cause plus facilement la fatigue, les conceptions sont moins vives.

Heubner a signalé de plus une certaine somnolence ébrieuse. Les malades restent durant des journées entières plongés dans un demi-sommeil et deviennent un peu plus excités le soir.

L'agitation se manifeste par des mouvements automatiques et paraît être la conséquence d'impulsions motrices à demi conscientes.

Cet état, qui se complique parfois de paralysies temporaires, de convulsions ou de contracture des parties paralysées est susceptible de grandes variations et persiste parfois avec des rémissions prolongées pendant plusieurs jours ou plusieurs semaines.

Ces symptômes n'ont rien de bien caractéristique par eux-mêmes : ils indiquent des troubles dans la circulation cérébrale, et une diminution de l'irrigation du système nerveux. Ces signes ont été étudiés par M. le Professeur Fournier sous le nom de forme ischémique de la syphilis cérébrale.

Ces symptômes durent tant que l'induration seule existe, et que la lumière de l'artère n'est pas oblitérée. — Après une durée relativement courte, de quelques jours à quelques semaines, car ici l'inflammation est aiguë, la deuxième période survient : l'artère est oblitérée. Alors surviennent des signes de l'oblitération d'une artère cérébrale.

Si celle-ci est petite, on remarque une abolition des fonctions de la région, où l'artère se termine. Ainsi, c'est soit une hémiplégie avec ou sans aphasie, soit de l'aphasie seule, soit une monoplégie, bref des symptômes variables suivant la région atteinte.

Cette hémiplégie viendra assez rapidement, avec ou sans perte de connaissance, car à l'oblitération de la lumière de l'artère par l'endartérite, il se joint fatalement un certain degré de thrombose.

Si l'artère est d'un gros calibre, telle la sylvienne, l'hexagone de Villis, la carotide, l'oblitération de l'artère étant survenue assez rapidement, il suit une cessation générale des fonctions intellectuelles, une attaque d'apoplexie.

La mort pourra survenir, où le coma disparaîtra peu à peu, comme dans une hémorrhagie cérébrale ordinaire.

Une autre terminaison de l'artérite aiguë peut encore se présenter ; l'artère dégénérée, plus friable, se rompt : hémorrhagie cérébrale, ainsi le cas de Brault.

Le traitement spécifique appliqué dans ces cas rendra de grands services, car il amène une résorption de l'infiltration, une restauration de la paroi artérielle et par suite la cessation du coma.

Ainsi, pour les artères cérébrales, l'artérite aiguë se caractérisera par des prodromes relativement courts d'ischémie cérébrale. Ceux-ci sont l'indice de la diminution du champ artériel. Puis la maladie évoluant, l'oblitération de l'artère surviendra au bout d'un temps plus ou moins long, et la cessation marquée des fonctions cérébrales en sera la conséquence. Cette forme est la forme apoplectique de M. le professeur Fournier.

Ces attaques d'apoplexie survenant à la suite de podromes d'ischémie cérébrale de courte durée, ont été étudiées par Mercier (1). Elles peuvent être dues à une gomme cérébrale, mais, dans beaucoup de cas, le peu de durée

1. Mercier. Thèse. Paris, 1875. *De la syphilis cérébrale tertiaire avec accidents comateux sidérants.*

des prodromes permet de les rattacher à une oblitération, en quelque sorte aiguë de l'artère, comme dans nos observations II et III.

Telle est l'artérite aiguë, durant son évolution. Arrivée à sa période d'état, ou d'oblitération, l'évolution de l'artérite aiguë abandonnée à elle-même n'a pas été jusqu'ici observée. Dans les cas, qui ont été étudiés, et qui n'ont pas été suivis de mort (celle-ci venant par suite de l'oblitération, et de la cessation de fonctions de l'organe et surtout du cerveau), on a observé, par l'administration du traitement spécifique une amélioration rapide de l'artérite et dans les cas d'artères siégeant superficiellement et dans les artères viscérales.

L'artère, facilement palpable, présentait comme dans l'observation de M. Leudet, une diminution rapide de l'induration, accompagnée du retour des pulsations, d'abord faibles, puis normales. Avec la diminution de l'induration survient une diminution parallèle des douleurs. Le retour *ad integrum*, de l'artère, en était le résultat.

S'il s'agit d'une artère viscérale, cérébrale par exemple, la diminution rapide des accidents (coma, céphalalgie) survient et le retour des fonctions normales de l'organe ne tarde pas à se faire.

Telle est l'artérite syphilitique à marche aiguë. La rapidité de l'évolution explique la courte durée des prodromes. Le résultat est l'oblitération de l'artère avec toutes ses conséquences.

Artérite chronique. — La symptomatologie de l'artérite chronique syphilitique est identique à celle de l'artérite aiguë, mais ici comme l'évolution est plus lente, la marche différera.

1° *Artérite d'une artère superficielle.* — Aucune observation publiée jusqu'ici.

2° *Artérite d'une artère profonde.* — L'artérite chronique des artères cérébrales est de beaucoup la plus fréquente et la mieux étudiée.

Ici la lésion consiste principalement en une sclérose de l'artère avec rétrécissement consécutif ; l'inflammation se faisant lentement, d'une façon progressive, il suit que la première période ou d'induration, présente une longue durée, des mois, des années.

Ici, la période d'ischémie cérébrale sera de longue durée ; puis surviendra l'oblitération de l'artère, non point ici par l'intensité de l'endartérite, mais par la thrombose consécutive au rétrécissement progressif de l'artère.

On observera soit la forme apoplectique, soit la forme paralytique, précédée ou non d'apoplexie.

L'évolution de l'artérite chronique syphilitique présentera, à la manière de l'artérite aiguë, deux phases :

1° Une phase d'induration de longue durée — période prodromique — d'ischémie cérébrale.

2° Une phase d'oblitération, avec toutes ses conséquences.

Anévrysmes. — La symptomatologie des anévrysmes syphilitiques est entièrement identique à celle des anévrysmes en général. Nous n'insistons pas sur ce sujet.

Dans toute cette étude, nous n'avons eu en vue que l'artérite syphilitique isolée de toute production gommeuse.

Nous ne traitons pas des signes particuliers des gommes.

MARCHE, DURÉE, TERMINAISON

La marche varie suivant les cas. Dans l'artérite aiguë, la période d'oblitération survient assez rapidement par suite de l'intensité de l'infiltration des parois et de la grande quantité de cellules embryonnaires infiltrées en un temps relativement assez court.

De plus, peu après le début de l'artérite, l'inflammation s'empare de l'artère symétrique.

Dans l'artérite chronique, au contraire, l'évolution anatomique est lente, continue, progressive, présentant des rémissions sous l'influence du traitement spécifique.

La durée varie — dans l'artérite aiguë, qui ne se termine pas par la mort, consécutive à la cessation des fonctions, surtout cérébrales, l'affection dure quelques semaines, quelques mois. Dans ce cas, comme le dit M. Leudet, le mot subaigu serait préférable au mot aigu. Cependant nous avons conservé ce mot pour l'opposer franchement à l'artérite chronique. D'ailleurs, on observera dans la suite, des transitions entre ces formes extrêmes.

La terminaison est variable. Dans la variété aiguë, quand elle siège sur une artère superficielle, la suppléance fonctionnelle pouvant bien s'exercer, la guérison par le traitement spécifique est assurée.

De même quand l'artérite siège sur une artère viscérale, l'effet de l'oblitération n'est pas funeste, si le traitement spécifique est institué. La chance de salut est d'autant plus grande que ce traitement est plus vite institué.

On voit ainsi revenir à eux des malades plongés dans le coma le plus profond.

La mort peut être le résultat de l'obstruction des artères cérébrales, si l'on n'intervient pas rapidement. Autre est la terminaison de l'artérite syphilitique chronique ; en effet, ici le traitement a moins de prise sur l'altération scléreuse de la paroi artérielle. « Ce sont sur eux (ces cas de sclérose artérielle), dit M. le professeur Fournier, qu'influence le moins activement, la médication spécifique. »

Les effets de l'oblitération artérielle seront ici plus manifestes, car elle aura été plus durable : aussi le ramollissement et ses conséquences seront ici plus fréquemment observés.

Il restera le plus souvent des paralysies hémiplégiques ou autres, des troubles intellectuels, dont la durée sera variable. Cependant, dans ces cas, il ne faut point désespérer d'obtenir la guérison. Par la continuation, durant un long temps du traitement spécifique, M. Fournier a pu obtenir la disparition de neuf hémiplégies.

Le pronostic est variable : à évolution identique, une artérite des artères du cerveau sera plus grave qu'une artérite superficielle ; le rôle indispensable du système nerveux explique suffisamment cette idée.

L'artérite aiguë est moins grave que l'artérite chronique, le traitement spécifique ayant plus de prise sur des lésions aiguës.

Ainsi M. Fournier, sur 90 cas de syphilis cérébrale chronique, a observé :

14 morts ;

46 guérisons imparfaites ;

13 guérisons complètes.

L'artérite syphilitique n'est pas grave en elle-même, elle n'acquiert de gravité que par le fait de l'obstruction artérielle : « On meurt rarement, dit M. Fournier, pour ne pas dire jamais de la syphilis cérébrale par le fait de lésions syphilitiques proprement dites, exclusivement syphilitiques, tandis qu'on en meurt presque toujours par le fait de lésions vulgaires, consécutives à des lésions spécifiques et symptomatiques de ces dernières. »

Ces dernières sont l'encéphalite, le ramollissement cérébral, ou du fait même de l'apoplexie.

DIAGNOSTIC

Une artérite aiguë survenant dans une artère superficielle est de diagnostic facile.

En effet, l'artérite syphilitique aiguë se caractérise par une induration de l'artère, *limitée à une petite portion* d'une artère, souvent symétrique.

Siège surtout sur les artères de la tête.

De plus, l'induration se termine brusquement.

Les antécédents de syphilis, l'influence heureuse du traitement spécifique achèveront de faire le diagnostic.

On ne la confondra pas avec l'artérite traumatique, en l'absence de traumatisme ; avec l'artérite rhumatismale, en l'absence d'antécédents rhumatismaux, vu en outre l'absence de la limitation de l'artérite, de sa symétrie et de son siège à la tête.

L'artérite, consécutive à la fièvre typhoïde, siège aux membres inférieurs, est caractérisée par de l'œdème, par l'absence de cyanose et de dilatation des veines, au repos. Si le malade se lève, à l'œdème se joignent de la cyanose et le développement des veines.

L'artérite aiguë syphilitique occupant une artère profonde, ainsi une artère encéphalique, a pour caractères spéciaux : l'existence de légers prodromes (céphalalgie syphilitique, troubles d'ischémie cérébrale), puis coma. Les antécédents, l'existence de cicatrices des syphilides, l'influence heureuse du traitement feront le diagnostic.

Le bon état des artères du corps, la venue de ces accidents chez un jeune homme syphilitique, élimineront l'hémorrhagie cérébrale.

L'absence de lésions cardiaques élimineront l'embolie.

Les signes de l'artérite chronique syphilitique sont identiques à ceux de l'artérite aiguë, mais la longue durée des prodromes (céphalalgie, troubles d'ischémie cérébrale feront le diagnostic.

On distinguera cette artérite chronique syphilitique de la gomme, par l'absence de troubles cérébraux locaux et des signes des tumeurs cérébrales.

L'artérite chronique diffère de l'athérome artériel par la localisation des lésions aux artères du cerveau et l'état sain du reste des artères.

De plus, tandis que l'athérome se voit chez les gens âgés, l'artérite chronique syphilitique s'observe surtout chez les gens de 20 à 35 ans.

TRAITEMENT

L'artérite aiguë syphilitique est reconnue sur une artère superficielle.

Un cas de coma, que l'on pense être syphilitique.

Un cas d'artérite chronique, avec ses troubles d'ischémie cérébrale. Dans tous ces cas reconnus, il faut agir par le traitement spécifique ordinaire.

Ce traitement agira bien surtout dans ces cas de syphilis cérébrale aiguë, avec coma ; il a prise en effet sur une paroi artérielle formée de cellules embryonnaires. Au contraire son action est plus limitée sur une paroi artérielle scléreuse, comme dans l'artérite chronique.

OBSERVATIONS

Observation I (1)

X..., âgé de 53 ans, d'une taille élevée, muscles développés, exerçant une profession qui nécessite une activité musculaire considérable, a joui antérieurement d'une bonne santé. Vers la fin de 1877, il a été atteint d'une blennorrhagie et d'une petite ulcération, sans gravité, du prépuce. Pour cette affection, X... consulta un médecin et prit une liqueur et une tisane dont il a oublié le nom. La guérison fut rapide.

Le 1er mai 1878, X... me consulta pour un panaris sous-dermique, sans gravité, ouvert par moi, et qui ne présenta aucun caractère particulier.

Le 11 du même mois, après la guérison du panaris, X... vint me consulter pour des douleurs dans les membres supérieurs et inférieurs, douleurs à recrudescence nocturne. Quelques jours après ces douleurs, apparition sur les membres supérieurs et inférieurs de taches nombreuses de psoriasis guttata d'une couleur brûnatre, cuivreuse, sans prurit ; simultanément, douleur localisée dans la partie moyenne de la face interne du tibia gauche avec sensibilité marquée à la pression et saillie légère limitée du périoste. Céphalée diffuse. Pas de ganglions cervicaux supérieurs ou de pléiade inguinale (deux cuillerées à soupe de sirop de Gibert dans de la tisane de salsepareille). Amélioration rapide des douleurs dans les membres. Pendant le mois de juin, X... prend journellement 0 gr. 02 c. de bichlorure d'hydrargyre en pilules.

La disparition graduelle de la dermatose, la cessation des douleurs périphériques crâniennes lui font considérer la guérison comme absolue ; et, à la fin de juin, il supprime tout traitement.

---

1. Leudet, *Association française pour l'avancement des sciences* (sect. des sciences médicales) Congrès de Blois 1884.

La santé reste parfaite depuis juin 1878 jusqu'à la fin de janvier 1882.

De février à la fin de juin 1882, X... remarque un changement dans son caractère : une tristesse, sans cause appréciable, a succédé à sa bonne humeur habituelle ; la mémoire semble beaucoup moins fidèle ; les membres supérieurs et inférieurs sont le siège de douleurs obtuses, vagues, erratiques. Malgré cet état, X... n'interrompit pas sa profession. Il me consulte de nouveau au début de juillet 1882.

X... accusait alors les symptômes que je viens d'énumérer. L'examen me permit de constater l'absence complète de douleurs fulgurantes, d'hyperesthésie ou d'anesthésie générale ou locale. Intégrité absolue des réflexes. Douleurs de tête surtout frontales. (Iodure de sodium et d'ammonium).

Le 18 août 1882, pas de changement dans les symptômes nerveux, crâniens ou périphériques ; sensibilité spontanée, et surtout à la pression de la voûte osseuse du nez, dans les os propres, comme dans les deux branches ascendantes des maxillaires supérieurs. (Iodure de potassium à doses progressives de 2 à 5 grammes par jour).

Dans les premiers jours d'octobre, les douleurs vers les membres et le crâne ne présentent qu'une très légère diminution.

X... accuse des douleurs, comme lancinantes vers la tempe gauche ; vertiges, bluettes et mouches volantes des deux yeux, sans diminution de l'acuité visuelle.

Le 10 octobre 1882. — X... présente au niveau de la tempe gauche, dans le point, qui était depuis quelques jours le siège de douleurs lancinantes, une augmentation marquée de volume et de consistance de la branche frontale antérieure de l'artère temporale superficielle gauche. Au dire du malade, cette altération locale aurait été remarquée depuis quatre jours. Elle apparaît sous forme d'un cordon transversal de 25 millim. environ de longueur.

Le cordon, d'une consistance partout uniforme, se termine brusquement de chaque côté et se continue avec les parties saines de l'artère, que l'on ne reconnaît guère qu'à leur battement et à une légère saillie. Le volume du tube vasculaire est double. Les battements vasculaires, dans toute la longueur du point induré, sont notablement affaiblis, et vers le 20 octobre, ils n'étaient plus perceptibles. Les autres branches de l'artère temporale superficielle ne présentaient aucun épaississement ou athérome ; quelques branches étaient légèrement flexueuses. Intégrité absolue des carotides, de l'aorte, dont les bruits sont à peine plus durs qu'à l'état normal. Rien au cœur (on continue l'iodure de potassium à haute dose).

Depuis le mois d'octobre 1882 jusqu'à la fin de février 1883, l'état de la branche oblitérée de l'artère temporale superficielle reste presque stationnaire. Même dureté du vaisseau ; suppression des battements dans toute l'étendue de l'induration. Augmentation des douleurs dans la tête et le cou ; gêne dans les mouvements de rotation de la tête ; vertiges, au point que X..., qui n'interrompit pas ses occupations, remarque qu'il se rapproche des murs quand il suit une rue, dans la crainte de tomber. Jamais, du reste, il n'a fait de chute. Pendant ce temps, on est obligé plusieurs fois de diminuer la dose journalière d'iodure de potassium à cause de l'apparition d'accidents gênants d'iodisme ; il faut même plusieurs fois remplacer l'iodure de potassium par l'iodure de sodium et d'ammonium.

Au commencement d'avril 1883, la branche antérieure frontale de l'artère temporale superficielle gauche demeurait dure, sans battements, le siège de douleurs spontanées et augmentées par la pression. A cette époque, X... accuse dans la région temporale droite des douleurs analogues à celles qui ont été ressenties sept mois auparavant dans la tempe gauche. Une branche frontale antérieure de l'artère temporale superficielle droite, se dirigeant transversalement, devient le siège d'une induration uniforme dans une étendue de 3 centimètres. Cette artère présentait alors des battements beaucoup plus faibles que les autres branches superficielles du même vaisseau. Vers la fin du mois d'avril 1883, la branche de l'artère temporale superficielle droite était oblitérée comme la gauche et les deux vaisseaux également privés de battements. Intégrité absolue des deux carotides. Les deux artères radiales, au-dessus du poignet, n'ont jamais présenté d'induration. Le pouls était régulier, fort et synchrome des deux côtés.

Les douleurs restent vives dans la tête, le cou ; un peu de dyspepsie, sans rien de notable à l'arrière-gorge.

Les douleurs périphériques, dans les tibias, le nez diminuent graduellement. Moins de vertiges (même traitement par l'iodure de potassium à doses alternativement croissantes et décroissantes). Vers la fin d'août, la dureté de la branche frontale de la temporale superficielle droite diminue graduellement ; dans les premiers jours de septembre, on perçoit dans une partie de son trajet, des battements profonds. Même traitement.

Pendant le mois d'octobre 1883, l'induration diminue parallèlement dans la branche frontale de l'artère temporale superficielle gauche.

La guérison marche alors simultanément dans les vaisseaux symétriques. L'induration diminue rapidement dans toute l'étendue de l'artère oblitérée ; on ne constate aucun noyau partiel.

Le 18 décembre 1883, l'induration a complètement disparu dans les deux vaisseaux, dont les tuniques offrent la même souplesse et les mêmes battements que les branches voisines dans la même artère.

Pendant le dernier trimestre de 1883, X... accuse une amélioration constamment progressive des douleurs dans la tête et les membres. Marche normale. Le 15 mars 1884, X... me consulte de nouveau pour des douleurs dans le nez, de la sensibilité de la voûte osseuse nasale (sirop de Gibert). L'amélioration de ces symptômes se produit rapidement.

Le 26 juillet 1884, X.., ne présente aucun symptôme morbide et cesse tout traitement.

En résumé, il s'agit d'un homme qui, dans le cours de la troisième année de l'évolution d'une syphilis, présente une inflammation aiguë, symétrique, des deux artères temporales, qui guérit rapidement par le traitement spécifique.

Observation II (inédite).

(Recueillie en commun avec mon excellent ami M. Lesage, externe
du service).

**Artérite syphilitique aiguë. — Extrémité supérieure de la carotide gauche.
— Mort. Autopsie.**

Le nommé Joachim B..., âgé de 27 ans, entre à l'Hôtel-Dieu, salle Saint-Augustin, lit n° 10, service de M. le docteur Moutard-Martin, le 6 février 1883.

Le malade est plongé dans le coma, il a été trouvé tel dans son lit.

Les renseignements que nous avons pu obtenir du frère du malade, qui habite avec lui, sont les suivants :

Le malade n'a dans ses antécédents héréditaires aucune diathèse qui puisse procurer l'état dans lequel il est plongé.

Parents bien portants.

Antécédents personnels : le malade a joui jusqu'aujourd'hui d'une bonne santé, à l'exception de la rougeole qu'il a eue vers l'âge de 4 ans.

A l'âge de 13 ans, fracture du tibia. Donc bonne santé jusqu'à il y a quatorze mois. A cette époque, vers le mois de janvier 1882, il contracta la syphilis, en Algérie, à la fin de son service militaire.

Chancre induré, pour lequel il fut soigné en Algérie.

Il revient en France, vers le mois de septembre. A cette époque, des syphilides cutanées survinrent, le malade ne reçut aucun soin, et ne fut pas soumis au traitement spécifique.

Des plaques muqueuses survinrent dans la bouche, à l'anus.

Cet état dure jusqu'au mois de décembre 1882.

Le 18 janvier 1883, vers le soir, le malade fut pris d'une céphalalgie très vive, frontale, atroce, augmentant surtout la nuit.

La douleur était si intense qu'elle provoqua de l'insomnie.

A cette céphalalgie, se joignit un état de faiblesse très grande des membres, et une diminution des facultés intellectuelles. Au dire du frère du malade, celui-ci se plaignait principalement de la tête depuis le 8 janvier, jusqu'au 5 février 1883.

De plus il remarqua que son état général fléchissait, et qu'à l'apparence d'un homme vigoureux, plein de santé avait succédé en quelques jours, rapidement un état de cachexie très marquée.

Le 1ᵉʳ février. — On constata une diminution notable des forces musculaires, le malade ne pouvait plus se tenir debout.

Les symptômes durèrent depuis le 8 janvier jusqu'au 5 février. Ce jour-là il se coucha comme d'habitude.

Le 6 février, au matin, grand fut l'étonnement du frère du malade, qui trouva ce dernier dans l'état qu'il présente à son entrée à l'hôpital.

Ainsi aucun antécédent, ni alcoolisme, ni arthritisme. — Syphilis, il y a 14 mois, depuis le début de celle-ci aucun trouble cérébral.

Début presque aigu de ces troubles le 8 janvier 1883.

— A son entrée, le 6 février, on constate que le malade est plongé dans le coma.

Des excitations assez puissantes sont nécessaires pour réveiller la sensibilité du malade ; le malade retire un peu le membre, quand on le pince ou qu'on le pique.

Il ne répond pas à nos questions.

Devant ce début brusque des accidents, devant tous les renseignements que donne le frère du malade, on pense à un coma d'origine syphilitique.

Le traitement spécifique est institué.

Iod. pot. 4 gram. Médication révulsive.

Le 7. — Le coma est moins intense. Le malade sent mieux, quand on essaye de réveiller la sensibilité.

Amélioration. Continuation du traitement.

Le 8. — Amélioration   —

Le 9. — Amélioration.   —

On constate que la résolution musculaire a diminué, et que le malade a recouvré ses mouvements en partie.

Le 10. — L'amélioration est plus manifeste. Le malade comprend nos questions, et répond par quelques signes et quelques paroles.

Le 17. — C'est-à-dire 12 jours après le début du coma, la guérison de ce coma est survenue ; le traitement a été continué durant toute cette époque.

Le 18. — Le malade se croyant guéri, sort, suivant sa volonté, presque guéri. Il ne restait que la céphalalgie, qui avait diminué d'intensité, quelques troubles de l'intelligence, et une certaine hésitation dans les mouvements qu'excutait ce malade.

Pendant 1 mois le malade insouciant de sa santé, ne suivit pas le traitement spécifique, d'après le dire de son frère, et 1 mois après sa sortie de l'hôpital, il rentrait dans le même état et le coma.

Le 18 mars. — Il rentre plongé dans le coma.

Le 19 mars. — Le malade meurt, malgré l'application du traitement syphilitique.

Résumé de l'autopsie. — Autopsie faite 28 heures après la mort. Toute notre attention est portée sur la boîte crânienne.

On ne constate aucnne production gommeuse, dans les méninges et le cerveau.

A la base, on trouve l'extrémité supérieure de la carotide interne gauche et la partie antérieure de l'hexagone artériel de Willis, épaissie, indurée, augmentée de volume, sur une longueur de 23 millimètres environ, la lésion étant plus étendue sur la carotide.

L'induration est à peu près égale sur tout son parcours. — L'artère carotide gauche, en coupe, présente un épaississement très net de la paroi. De plus la lumière est oblitérée par des bourgeons naissant de l'endartère.

De petits caillots existent entre ces divers bourgeons.

Uue coupe mince, examinée au microscope, présente une infiltration générale des tuniques artérielles par des cellules embryonuaires. Celles-ci sont extrêmement abondantes, tassées les unes contre les autres, surtout dans la tunique interne. — La lame élastique interne est peu altérée.

Elles forment à elles seules, toute l'induration, ainsi que les bourgeons, qui obstruent l'artère. — Absence d'embolie.

Entre ces bourgeons, on constate de petites thromboses caractérisées par de la fibrine englobant les globules rouges.

La carotide droite, les autres artères du cerveau sont saines. Rien à signaler du côté des autres artères du corps. Aucune lésion, ni du cerveau, ni des autres organes.

Analyse. — Ainsi 14 mois après le début de la syphilis, surviennent des troubles cérébraux, qui aboutissent au bout de 28 jours au coma.

L'absence de prodromes élimine la gomme. — Leur courte durée, l'artérite chronique.

A l'autopsie, on constate que la lésion est du mode aigu (cellules embryonnaires très abondantes).

OBSERVATION III

Artérite syphilitique aiguë siégeant sur une artère profonde, les carotides. Observation de Brault (*Soc. anat.* 1878). *In Progrès médical*, 31 janvier 1880).

Il s'agit d'un homme de 29 ans et demi qui avait contracté la syphilis en mars 1878. Cet homme présenta dans les mois consécutifs une syphilide papulo-squameuse, des plaques muqueuses dans la gorge, à l'anus et au scrotum, plaques qui ne disparurent jamais.

Entré le 4 novembre 1878 à la Maison de santé, il mourait subitement le 23 décembre suivant.

La maladie avait duré à peine 10 mois. Les symptômes fonctionnels prédominants avaient été au début un certain degré d'aphasie, puis de l'amnésie et des troubles gastriques violents. Vers la fin de la maladie, malgré une grande amélioration du côté des accidents cutanés et muqueux, le malade était pâle et dans un état de cachexie très accentuée.

A l'autopsie, on constate une vaste hémorrhagie méningée, et comme cause une rupture de la carotide interne gauche, au niveau de son entrée dans le crâne.

A l'œil nu, on remarquait qu'au dessus de la rupture l'artère était le siège d'un épaississement très considérable, d'aspect piriforme, du volume d'un petit pois.

Un épaississement beaucoup moins considérable existait sur la carotide droite au niveau de sa bifurcation.

Rien aux sylviennes; rien au tronc basilaire, rien aux autres organes.

L'examen histologique pratiqué sur le tronc basilaire et sur les deux sylviennes n'a donné aucun résultat, ces artères étant saines.

Sur l'artère carotide interne droite, au niveau de sa bifurcation existait une légère endartérite, début de la lésion, qui était si développée sur la carotide gauche.

Sur cette dernière artère, des coupes passant par la lésion, examinées à un faible grossissement, ont montré un épaississement des parois et faisant saillie dans la lumière du vaisseau, un volumineux bourgeon, développé aux dépens de l'endartère, en dedans de la lame élastique interne.

A un plus fort grossissement, on constatait que les trois tuniques artérielles avaient perdu leur structure propre et leurs caractères différentiels, les tuniques étaient uniformément composées de tissu embryonnaire, par points, en voie de dégénérescence.

La lamelle élastique interne seule persistait. Quant au bourgeon développé aux dépens de l'endartère, il rappelait ceux qui se forment à la suite des ligatures ; il avait également une structure embryonnaire et dans certains points se montraient des infiltrations hémorrhagiques. Analyse. Le malade est syphilitique. L'artérite est venue dix mois après le début de la syphilis. Artérite à marche aiguë, limitée, circonscrite, symétrique, siégeant sur la terminaison des carotides; la lésion est prédominante à gauche. Anatomiquement, c'est une artérite aiguë, caractérisée par une infiltration abondante et rapide de cellules embryonnaires. Ici la dégénérescence s'est emparée de la lésion, rupture. Hémorrhagie méningée. Mort.

Observation IV

Artérite syphilitique aiguë siégeant principalement sur l'artère basilaire.
— Résumé de l'observation de Moxon (*The Lancet* sept. 1869. Analysée
dans les annales du Dr Doyon.

— Syphilis. Prodromes cérébraux de courte durée, coma, mort. A
l'autopsie, on constate ce qui suit : Quelques unes des artères cérébrales, dit cet auteur, étaient affectées d'une manière très remarquable. L'artère basilaire notammment était beaucoup plus volumineuse et
offrait une coloration d'un blanc laiteux.

Sur une longueur de 3/4 de pouce, elle présentait l'aspect d'un
morceau de macaroni bouilli. Son calibre était rétréci de moitié par
suite de la tuméfaction de ses parois qui, molles et charnues, offraient
l'aspect d'une lymphe solide.

Au microscope, on voit que l'artérite est formée de corpuscules inti-
mement agglomérés, comme des corpuscules inflammatoires... Il ne
pouvait donc rester aucun doute sur un état inflammatoire aigu de la
paroi artérielle... Sur l'artère sylvienne gauche, on voyait aussi deux
points offrant ce même état inflammatoire si remarquable, mais à un
degré moins avancé. »

Analyse. — Artérite syphilitique aiguë de plusieurs artères, la
basilaire, la sylvienne gauche. — Lésions formées de l'agglomération
d'une grande quantité de cellules embryonnaires. Mort.

Observation V

Artérite syphilitique aiguë, siégeant sur la vertébrale et les carotides.
Résumé de l'observation de Wilks. *In Guy's hospital reports*, 1863.

Caroline M..., âgée de 38 ans, contracte la syphilis il y a cinq
ans. Syphilides nombreuses. Aucun trouble nerveux pendant ces cinq
années.

Cinq semaines avant son admission à l'hôpital, violente céphalalgie durant quelques jours. Apoplexie. Coma. Le coma dure peu. Trois semaines après nouvelle attaque apoplectique. Mort.

Autopsie. — Les vertébrales et les carotides gauches sont épaissies, présentent un calibre inégal ; l'artère n'est pas dure.

En coupe, absence de caillots. Oblitération par des bourgeons continus avec la paroi interne de l'artère, analogues à ceux qui surviennent après une ligature.

Analyse. — Syphilis. Oblitération artérielle. Artérite aiguë.

OBSERVATION VI

Artérite syphilitique aiguë.

M. Fournier (p. 69), syphilis du cerveau, cite le cas de M. Brouardel, qui observa un ramollissement cérébral, gros comme une noisette dans le centre d'une circonvolution. L'artériole correspondante était totalement oblitérée par une endartérite très nette avec caillot. »

OBSERVATION VII

Coma chez un syphilitique. Guérison par le traitement spécifique.

Observation de M. le professeur Fournier, in thèse de Mercier 1875.

« Je trouvai, dit M. Fournier, un jeune homme assez vigoureux, bien musclé, couché sur le dos, les yeux fermés, respirant bruyamment et d'une façon presque stertoreuse. Il est dans le coma, insensible aux excitations, ne pouvant répondre à mes questions, que, d'ailleurs, il n'a pas l'air d'entendre.

Les membres sont en résolution sans paralysie ; il paraît sentir encore, et retire la partie piquée ou pincée. J'examine son cœur, ses poumons, ses urines, rien à noter, rien qui puisse me mettre sur la voie. Toutefois en le découvrant, je remarque qu'un de ses testicules est très gros, je dirai même énorme. Je le palpe, je le trouve dur, sans bosselures, sans adhérences à la peau. En un mot, il a tous les caractères d'un testicule atteint de sarcocèle syphilitique. Je demande comment un état si grave avait commencé, quels étaient ses antécédents. Tout ce que l'on peut me dire, c'est que depuis quelques jours, le malade était mal à son aise, mangeait peu, était un peu taciturne. La veille au soir il était rentré comme d'habitude, s'était couché, et le lendemain, on l'avait trouvé, tel que le voyais ; on le croyait ivre.

Le cas était embarrassant, mais l'état de son testicule me décida à considérer les signes que je viens d'énumérer comme ceux d'une tumeur cérébro-syphilitique. Ces signes étaient si graves, que je désespérai de sauver le malade.

Néanmoins, je prescrivis 4 gr. d'iodure de potassiun et une médication révulsive. Le lendemain. je suis tout étonné de le trouver encore vivant. Son état n'était pas amélioré, mais non plus aggravé. Je reprends de l'espoir et je fais continuer l'iodure. Le surlendemain il commença à sortir de son état comateux, il ouvrit les yeux, et répondit quelques mots aux questions que je lui posai. J'appris que 3 ans auparavant, il avait été soigné pour un chancre induré. Je fis continuer le traitement en portant la dose d'iodure de potassium à 6 grammes. L'amélioration se prononça de jour en jour et trois semaines après, le malade put venir chez moi me remercier.

Depuis, le médecin de la famille, m'a appris qu'il jouissait d'une santé parfaite. »

Analyse. Coma. L'absence de prodromes longs et de signes de gomme cérébrale, la guérison complète et rapide par le traitement spécifique font penser à une artérite aiguë syphilitique.

OBSERVATION VIII

Coma, chez un syphilitique ; résumé d'observation due à Laségue *in thèse* de Mercier

Une malade robuste, de bonne santé habituelle est prise subitement après quelques jours de cephalée nocturne, de troubles de la vision,

— 54 —

d'une attaque d'apoplexie. Coma. Vu les antécédents, syphilis quelques
années avant, cachexie survenue en quelques jours ; quelques prodromes : céphalalgie, etc...). Traitement ; huit jours après, le coma
disparaît peu à peu. Deux mois après, guérison complète. Analyse,
même explication que pour l'analyse précédente.

OBSERVATION IX

In-thèse de Mencier, Paris 1875. (Résumé).

Homme trouvé dans le coma, syphilis datant de 3 ans.

Début des troubles cérébraux, il y a six semaines (troubles de la
vue, céphalalgie vive, faiblesse des jambes). Aggravation progressive,
coma, traitement spécifique, guérison rapide. Analyse. La courte
durée des prodromes, la guérison rapide et complète, font penser à
une lésion artérielle aiguë.

CONCLUSIONS

I. — L'artérite syphilitique peut affecter deux formes différentes :

Une forme aiguë.

Une forme chronique. Celle-ci se termine quelquefois par un anévrysme.

II. — Cette artérite peut se rencontrer sur toutes les artères du corps, mais elle est le plus souvent localisée aux artères de la tête ; les autres artères étant saines.

III. — C'est une artérite circonscrite, souvent symétrique.

IV. — Elle présente dans son évolution deux périodes :

1° Une période d'induration, avec conservation de la lumière de l'artère.

2° Une période d'oblitération de l'artère, avec toutes ses conséquences.

V. — L'artérite syphilitique aiguë a des caractères propres, tirés de la marche et de la symptomatologie spéciale qu'elle produit. Elle doit être étudiée à côté de l'artérite syphilitique chronique.

127

www.ingramcontent.com/pod-product-compliance
Lightning Source LLC
Chambersburg PA
CBHW061617060726
47597CB00005B/1676